부모의
어휘력을 위한
66일 필사 노트

마음은 단단하게 지키고
아이는 더 사랑하는

부모의
어휘력을 위한
66일 필사 노트

김종원 지음

카시오페아
Cassiopeia

오늘도 아이라는 하나의 세계를 창조하며
고군분투하고 있을 당신에게

저는 30년 가까이 인문학을 연구하고 글을 쓰고 있습니다. 아이에게 더 나은 사랑을 주고 싶은 부모님들께 제가 그동안 몸소 깨닫고 실천한 말의 힘과 가치를 전하고 있죠. 요즘은 부모의 말이 아이의 세상에 얼마나 중요한지 잘 알고 계신 분들도 많습니다. 하지만 알면서도 부모가 사랑의 말 대신 자꾸 모난 말을 입에 담게 되는 이유는 스스로를 돌볼 여유와 관대함이 없기 때문입니다. 걱정과 불안, 자책으로 흔들리는 부모의 마음에서는 다그치는 말과 잔소리만 나오기 마련입니다. 그래서 이번 책에는 부모의 흔들리는 마음을 다잡고 지성 있는 부모로 성장하도록 돕는 66가지 말들을 모았습니다.

많은 부모가 아이를 키우며 가장 자책하게 되는 순간은 내 마음과 다르게 말하게 될 때입니다. 그래서 저는 늘 '필사'를 통해 근사하고 기품 있는 말을 마음에 많이 담아 두기를 권합니다. 말은 마음에서 나오고, 필사는 좋은 말을 마음에 담아 놓을 수 있는 가장 지적인 도구이기 때문입니다. 이 책을 통해 매일 필사하는 습관을 들이면 책 한 권에 담긴 섬세한 말들이 모두 여러분의 마음에 고스란히 담길 것입니다.

필사가 말을 마음에 담는 가장 지적인 도구라면, '어휘'는 말의 세계를 단단하게 세워 주는 벽돌입니다. 매일의 문장마다 가장 섬세하고 가치 있는 어휘들을 골라 놓았습니다. 필사하며 각각의 어휘가 담고 있는 뜻도 마음속에 담기를 바랍니다. 예쁜 말이란 단지 듣기 좋은 말만을 뜻하지 않습니다. 어휘를 정확하게 쓸 줄 알아야, 부모의 지성에서 아이의 성장을 돕는 예쁜 말이 나옵니다.

'66일'이라는 시간은 필사를 통해 사랑을 마음에 담는 데 걸리는 시간입니다. 매일, 하루도 빠짐없이 한 문장씩 필사하다 보면 이 문장들을 통해서 여러분은 지금까지 볼 수 없었던 새로운 세계를 만나게 될 것입니다. 그리고 책에서 얻은 말과 어휘는 아이에게로 가서 세상을 날게 해 줄 든든한 날개가 될 것입니다.

모든 장에는 '부모 성장 일기'가 포함되어 있습니다. 앞서 필사를 하며 들었던 생각과 감정을 담아 제가 드린 질문에 답해 보세요. 이를 통해서 여러분은 자신의 생각을 정리하며 더 근사한 부모이자 어른으로 성장하게 됩니다. 육아는 아이만 성장시키지 않습니다. 66일간의 필사를 모두 끝내고 돌아보면, 이 책은 여러분이 부모로서 성장한 시간을 담은 소중한 기록이 될 것입니다.

매일 일기나 메모 같은 글쓰기를 습관처럼 하는 아이들은 부모가 일부러 시키지 않아도 유튜브나 게임 대신 글쓰기를 합니다. 이 아이들이 누가 시키지 않아도 글을 쓰는 이유는 부모의 모습을 보고 배웠기 때문입니다. 아이의 모습을 바꾸고 싶다면 부모가 먼저 필사하는 삶을 보여 주세요. 그러면 마치 아침에 일어나 식사와 세수를 하듯이 아이는 필사를 삶의 일부로 여기게 됩니다. 처음에는 따라 쓰지만, 나중에는 스스로의 글을 쓰게 되고, 책을 손에서 놓지 않게 되고, 모르는 것을 찾고 배우기 위해 언제나 관찰하는 아이가 됩니다. 이처럼 부모의 필사는 아이에게 백 마디 잔소리보다 훨씬 큰 가치를 지닌 선물입니다.

오늘부터, 부모의 마음은 단단하게 지키고 아이에게 더 나은 사랑을 주기 위한 66일간의 필사를 시작해 보세요. 멈추지 말고, 포기하지도 마세요. 끝까지 해낸다면 필사는 여러분과 아이의 세계를 변화시킬 것입니다. 기억하세요.

　　"당신은 아이에게 날개를 달아 줄 수 있는
　　세상에서 유일한 사람입니다."

　　아이에게 날개를 달아 주는 부모로 성장하기 위한 66일간의 필사,
이제부터 시작해 볼까요?

2025년 4월 김종원

차례

3장

힘들고 지쳐 있는
부모를 격려하는 문장 11

6장

오늘보다 내일 더 성장하는
부모를 위한 문장 11

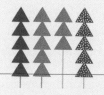

1장

✦

오늘도 마음이 흔들리는
부모의 자존감을
키워 주는 문장 11

30년 가까이 인문학을 연구하고 글을 쓰며 지금까지 120여 권의 책을 냈습니다. 그 과정의 끝에서 제가 깨달은 인문학은 그리 대단한 게 아니었습니다. 제가 찾은 깨달음은 바로 이것입니다.

"소중한 사람에게 예쁘게 말하기.
세상이 정한 정답이 아닌,
마음이 간절히 원하는 말을 들려주기."

그냥 보기에는 정말 아무것도 아닌 말처럼 들립니다. 그런데 잘 생각해 보세요. 같은 말을 해도 사람에 따라서 느낌이 아주 많이 다릅니다. 강한 믿음이 가는 사람이 있는 반면에 자꾸만 의심이 되는 사람도 있죠. 이유가 뭘까요? 어떤 어휘를 말할 때 그 어휘를 장악해서 활용하려면 자존감이 탄탄한 상태가 되어야 합니다. 나약한 자존감에서 나온 말은 오히려 상대에게 불신만 주게 되죠. 아이 역시도 그걸 느낍니다. 더욱 중요한 사실은 아이는 그런 나약한 부모의 자존감까지 보고 듣고 배우며 자기 삶에 이식하게 된다는 것입니다. 핵심은 사랑입니다. 자존감은 스스로를 사랑할 때 가질 수 있는 '자기 사랑의 증거'이기 때문이죠. 지금부터 누구도 나를 파괴할 수 없고, 누구도 나를 흔들 수 없다는 사실을 강력하게 믿으셔야 합니다. 그래야 어떤 주변의 소리나 비판에도 흔들리지 않고 사랑하는 이와 나 자신을 위해서 살아갈 수 있죠.

지금 어려운 시간을 겪고 계시나요? 많이 힘들고 앞이 보이지 않아서 고통스러운 상태인가요? 그렇다면 이런 질문을 한번 스스로에게 던져 보세요.

"내게 자꾸 어려운 시간이 찾아오는 이유는 뭘까?"

나약해서? 운이 없어서? 모두 아닙니다. 오히려 반대입니다. 내면의 힘이 강한 사람들은 늘 어려운 시간을 경험하게 됩니다. 과거를 극복하고 성장해 왔기 때문에 새로운 성장의 벽을 만나게 된 거죠. 삶이 어렵지만 성장하려는 용기를 냈기 때문에 지금과 같은 사람이

된 것입니다. 그래서 아이의 인생은 부모가 가진 용기에 따라서 변합니다. 힘들지만 용기를 내서 성장하기로 결심한 부모와 사는 아이들은 마찬가지로 더 멋진 인생을 살게 되죠. 그래도 너무 힘들고 고통스럽다면, 가장 어두운 밤에도 별은 빛난다는 사실을 잊지 마세요. 내 사랑스러운 단 하나의 별, 아이를 잊지 말아요.

"어떤 상황에서도 자신을 잃지 마세요.
모든 것을 다 가졌다고 해도
자신을 잃으면 모든 것을 다 잃는 것이고,
아무것도 가지지 못했다고 해도
자신을 지킬 수 있다면
모든 것을 다 가진 것입니다.
인생은 애써 찾은 나를
잃지 않고 사는 사람만이
멋지게 즐길 수 있는 여행입니다."

01 엄마, 아빠도
부모는 처음이라서

부모도 부모가 처음이라

확실한 것이 아무것도 없던 나날,

외로움과 불안을 버티고 견디며 살아온

그 모든 나날의 모음이

바로 지금 나의 오늘입니다.

힘들었지만 지금까지 참 잘했습니다.

지금까지 잘해 온 것처럼

앞으로도 나는 근사하게 해낼 거예요.

나는 아무 걱정도 하지 않아요.

나의 사랑스러운 아이가

내 모든 것을 기억하고 있으니까요.

어휘 근사하다: 그럴듯하게 괜찮다.

아이라는
한 세계를 기른다는 것은

육아는 단순히 아이를 기르는 일이 아니라
아이라는 하나의 세계를 창조하는 일입니다.

아이가 하나의 단어를 이해했다는 것은
세상 어딘가에 마을 하나가 탄생했다는 뜻이며
아이가 한 사람을 사랑하게 되었다는 것은
이 세계가 어제보다 조금 더 진보했다는 뜻입니다.

아무나 할 수 있는 일이 아니라서
나에게 맡겨진 것입니다.
세상에서 나만 할 수 있는 일입니다.

어휘   기르다: 아이를 보살펴 키우다.

　　　창조하다: 전에 없던 것을 처음으로 만들다.

부모의 말은 아이에게
세상에서 가장 근사한 날개입니다

아이가 예쁜 얼굴로 "나, 하늘을 날고 싶어!"라고 말합니다.

그 말에 어떤 부모는 "사람은 하늘을 날 수 없어."라고 답합니다.

그런가 하면 어떤 부모는 힘껏 아이를 들어 올려

공중에서 빙빙 돌리며 하늘을 나는 경험을 선물해 줍니다.

물론 아이는 세상의 지식도 알아야 합니다.

하지만 세상의 지식은 부모가 아니어도 알려 줄 수 있습니다.

아이에게 날개를 달아 줄 수 있는 건

세상에 오직 단 한 사람,

아이의 부모인 나뿐입니다.

어휘 경험: 자신이 실제로 해 보거나 겪어 본 일, 또는 거기서 얻은 지식.

나만 할 수 있는 일, 더 소중하고 행복해지는 일을 먼저 하겠다고 생각하면 나중에 후회가 없고 아이의 생각하는 힘도 키워 줄 수 있습니다. 이때 부모의 말은 아이에게 세상에서 가장 근사한 날개가 되어 줍니다.

당신은
아름다운 부모입니다

아이에게 부모의 말은 하나의 세계입니다.

오늘도 아이는 그 세계 안에서

누구도 줄 수 없는 기쁨을 느끼며

내면에 차곡차곡 사랑을 쌓아 갈 테지요.

나는 늘 기억하고 있습니다.

나는 아름다운 부모이며

내 아이도 누구보다 멋진 아이라는 것을요.

어휘 세계: 대상이나 현상의 모든 범위.

부모의 말은
한 아이를 구합니다

모든 아이에게는

자신을 열렬히 사랑해 주는 사람이

적어도 한 명은 있어야 하고,

그 사람이 부모라면 아이에게는 큰 행복입니다.

한마디 격려의 말과 진실한 칭찬이

울고 있는 아이의 현실을 바꿀 수 있습니다.

그렇게 아이의 미래는 영원히 달라집니다.

부모의 말이 한 세상을 구할 수는 없지만,

한 아이는 구할 수 있습니다.

어휘　**사랑하다:** 어떤 사람이나 존재를 몹시 아끼고 귀중히 여기다.
　　　 구하다: 위태롭거나 어려운 지경에서 벗어나게 하다.

06

자신에게 너무
엄격해지지 마세요

자신에게 너무 엄격해지지 마세요.
부모는 자신에게 관대해야 합니다.

아이의 실패는 부모의 잘못이 아닙니다.
굳이 아이를 다른 아이와 비교하며
평가할 필요도 없습니다.

다른 아이와 내 아이는 다릅니다.
내가 좋아야 아이에게도 좋고
아이가 좋아야 내게도 좋습니다.

다만 더 근사한 언어를 자주 들려줘야 합니다.
그러면 집안 분위기가 한결 근사해질 것입니다.

어휘 엄격하다: 말, 태도, 규칙 따위가 매우 엄하고 철저하다.
      평가하다: 어떤 대상의 가치나 수준 따위를 헤아려 정하다.

07

당신은 아직도
참 좋을 때입니다

나는 지금까지 누구보다 열심히 살았고
지금도 최선을 다해서 가정을 돌보고 있습니다.
내가 수고했다는 사실을 나는 알고 있습니다.

한 아이의 든든한 부모이지만,
여전히 나는 참 좋을 때입니다.
나의 때는 아직 지나지 않았습니다.

내게 좋은 음식을 선물하고,
예쁜 옷도 입으면서 일상을 즐깁니다.
내가 행복해야 내 아이도 행복합니다.
나는 그래도 됩니다.

어휘   수고하다: 일하느라 힘을 들이고 애를 쓰다.

자신을 위로하고
사랑하세요

누구보다 자신을 더 자주 위로하고
더 많이 사랑해야 합니다.

"세상이 아무리 좋다고 부추기는 것이라 해도
나는 나만의 철학을 포기하지 않습니다.
나는 내 아이를 나만의 방식으로 잘 기르고 있으며
이 길의 가치를 굳게 믿습니다."

어휘   위로하다: 따뜻한 말과 행동으로 아픔을 덜어 주거나 슬픔을 달래 주다.
        철학: 자신의 경험에서 얻은 인생관, 세계관, 신조 따위를 이르는 말.

당신은 당신의 방식대로 이미 잘하고 있습니다. 흔들리지 않고 끝까지 자신을 믿고 가세요. 그러다 보면 당신이 걱정하는 다른 모든 일들은 저절로 제자리를 찾게 될 거예요.

09

아이는
천천히 조금씩 자랍니다

아이는 아주 천천히 조금씩 자랍니다.

오늘 내가 조금 잘못했다고 너무 자책하지 않습니다.

나도 아이도 충분히 잘 해내고 있습니다.

나와 아이는 모든 면에서

이전보다 훨씬 나아지고 있습니다.

나는 조금도 걱정하지 않습니다.

이대로 계속 나아가면 분명

아름다운 결실을 맺게 될 것입니다.

어휘   **자책하다**: 자신의 잘못을 스스로 깊이 뉘우치고 자신을 책망하다.

해내다: 맡은 일이나 닥친 일을 능히 처리하다.

부모만이
할 수 있는 일

"꽃을 주는 것은 자연이지만
그 꽃으로 예술 작품을 만드는 건
인간만이 할 수 있습니다."

인간으로 태어나는 것은
우리가 어떻게 할 수 없는 '자연의 일'입니다.
하지만 인간과 인간이 만나 기품 있는 가정을 꾸리는 것은
어떤 예술보다 아름답고 귀한 '사람의 일'이죠.

기품이 넘치는 가정을 꾸리는 것은 '부모의 일'입니다.
기꺼이 사랑을 줄 수 있고, 또 받을 수 있는 나라면
이 모든 일을 해낼 수 있습니다.

어휘 기품: 인격이나 작품 따위에서 드러나는 고상한 품격.

11

아이는 부모의 자존감을
먹고 자랍니다

아이는 마치 좋은 음식을 먹듯

부모의 자존감을 먹고 자랍니다.

부모의 자존감이 탄탄해야

아이도 힘든 시기를 잘 견딜 수 있습니다.

나는 조금 서툴지만 노력하는 부모입니다.

지금의 힘든 마음이 바로 노력한다는 증거이죠.

이 시기를 잘 견디면

분명 좋은 날이 올 겁니다.

어휘   자존감: 자기 자신을 소중히 대하며 품위를 지키려는 감정.
      서투르다: 일 따위에 익숙하지 못하여 다루기에 설다.

부모 성장 일기

요즘 아이와 함께하며
마음이 많이 흔들렸던 순간은 언제인가요?

떨어진 자존감을 높여 주는
나만의 루틴이 있나요?

부모 성장 일기

아이에게 말이 예쁘게 나오지 않을 때
어떻게 하시나요?

최근에 배우자와 아이가
가장 미웠던 순간은 언제인가요?

부모 성장 일기

최근 가장 절망했던 순간
자신을 어떻게 지켜 냈나요?

부모 성장 일기

내 인생의 제목을 짓는다면
뭐라고 할 수 있을까요?

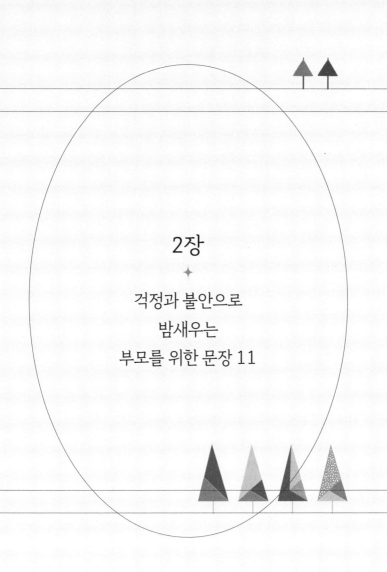

2장

걱정과 불안으로
밤새우는
부모를 위한 문장 11

부모의 삶은 매일이 걱정의 연속입니다.

"새 학기에 잘 적응할 수 있을까?"
"친구랑 잘 지내고 있는 걸까?"
"발표를 제대로 못한다던데 어쩌지?"

걱정하고, 또 걱정하고, 다시 걱정합니다. 이런 모든 걱정은 결국 자신을 한없이 불안하게 만들죠. 걱정과 불안한 마음을 아예 버리고 살 수는 없습니다. 오히려 잘 활용하면 좋습니다. 그때 이런 멋진 한 가지

사실을 기억하시면 됩니다.

"지금 내 걱정과 두려움은
내가 만드는 영광의 크기를 결정한다."

조금 과도한 표현이라고 생각하시나요? 전혀 그렇지 않습니다. 아이라는 소중한 세계를 키우는 일은 정말로 영광스러운 과정이니까요. 자신에게 그런 멋진 가치를 부여하는 건 참 중요합니다. 지금 내가 하는 일에 어떤 가치를 부여하고 있는지가 나와 내 아이의 삶을 결정하니까요.

그렇게 생각하며 조금씩 걱정과 불안한 마음을 지우는 연습을 해 보세요. 걱정과 불안은 그간 어렵게 쌓은 우리의 지식과 지혜를 먹이로 삼아, 그것들이 하나도 남지 않도록 빼앗아 갑니다. 우리 안에 있는 가장 귀한 것을 먹고 사는 셈이죠. 그래서 오랫동안 걱정과 불안에 시달렸던 사람들은 자신이 그간 무엇을 배웠고 어떤 것을 내면에 쌓았는지 기억조차 하지 못하게 됩니다. 다 빼앗겨서 남아 있지 않기 때문입니다. 걱정하는 마음을 이해하지 못하는 건 아닙니다. 일상을 잡아먹는 걱정과 불안은 가정의 행복도 앗아 간다는 게 문제입니다. 근거 없는 걱정과 쓸모 없는 불안을 지우는 게 시작입니다. 걱정하는 일은 대부분 실제로 일어나지 않습니다. 최악의 상황은 쉽게 찾아오는 게 아닙니다.

또한, 그런 날이 온다고 해도 굳이 미리 걱정할 필요는 없습니다. 그때 걱정을 시작해도 전혀 늦지 않으니까요.

아이를 키우는 게 너무 막막할 때가 있습니다. '나'라는 아이 하나 데리고 사는 것도 이따금 버겁게 느껴지는데, 내 앞에서 밝게 웃고 있는 이 작고 여린 아이까지 키워야 하니까요. 그렇게 모든 게 너무 힘들고 어려워서, 마치 끝이 없는 터널 속에 있는 것처럼 삶에 어둠만 가득할 때가 있습니다. 그럴 때는 이 글을 기억해 보세요.

"삶에 어둠이 없으면 빛도 없습니다.
나는 어둠의 공간에 있는 게 아니라,
빛을 만나기 위한 과정에 있습니다.
이 어둠을 헤쳐 나가면,
나는 빛을 만날 수 있습니다."

상황은 언제나 해석하는 자의 몫입니다. 어둠에 집중하면 모든 게 최악이지만, 빛에 집중하면 이 어둠은 그저 헤쳐 나가야 할 과정에 불과하죠. 비가 오지 않으면 무지개가 뜨지 않는 것처럼, 어두운 날이 있기에 곧 만날 빛이 더 밝게 빛날 수 있습니다.

12

아이 마음에
봄 햇살을 선물해 주세요

세상에 '반드시 이래야만 한다'라는 원칙은 없습니다.
또 어떤 원칙도 부모와 아이 모두를 만족시킬 수는 없습니다.

부모와 아이 사이에 가장 중요한 건
서로 좋은 마음을 전하고 느끼는 것입니다.
아이에게 엄격하게 해야 할 때도 있지만
그렇지 않을 때는 아이 마음에
봄 햇살을 선물한다는 생각으로
따뜻한 말을 들려줍니다.

"네가 오늘 어떤 실수를 하든
나는 너의 다음 시도를 응원할 거야."

어휘 **시도: 어떤 것을 이루어 보려고 계획하거나 행동함.**

세상에
어른스러운 아이는 없습니다

세상에 어른스러운 아이는 없는데도

일찍 철든 아이의 모습에

가끔은 마음이 찢어질 듯 아픕니다.

떼를 쓰며 크게 울어 볼 기회를 주지 못한 것 같아서

장난꾸러기로 살아 볼 기회를 주지 못한 것 같아서

가끔은 아이에게 너무나 미안합니다.

그러나 그건 누구의 잘못도 아닙니다.

나도, 사랑스러운 내 아이도

모두 누구보다 잘 살아가고 있습니다.

어휘 어른스럽다: 나이는 어리지만 어른 같은 데가 있다.
     철들다: 사리를 분별하여 판단하는 힘이 생기다.

부모가 자신이 등에 지고 있는 짐을 너무 자주 풀어서 아이에게 보여 주면, 아이는 미안한 마음에 저도 모르게 철이 듭니다. 그럴 땐 서로 마음을 열고 생각을 나누며 대화를 하는 편이 좋습니다. "엄마 아빠는 이렇게 생각하는데, 넌 어떠니?", "아, 네 생각은 그렇구나. 참 좋다."

아이의 사춘기는
지나가는 바람입니다

아이의 사춘기는 지나가는 바람입니다.

지금은 여기저기서 부는 바람에 흔들리고 있지만

시간이 지나면 결국 아이는 중심을 잡고 살게 됩니다.

중요한 건 언젠가 지나가 버릴 바람에

부모 마음이 다치면 안 된다는 사실입니다.

어휘   흔들리다: 어떤 일이나 말에 마음이 동요되거나 약한 상태가 되다.
중심: 확고한 주관이나 줏대.

내 아이가 갑자기 변했다고 느껴질 때 부모 마음은 아프고, 외롭고, 두렵습니다. 그런데 지금 생각해 보면 나도 내 부모님 마음을 이해하는 데 참 오랜 시간이 걸렸습니다. 내 아이도 마찬가지겠죠. 우리, 아이를 믿고 기다리기로 해요. 내 부모님이 내게 그랬던 것처럼 말이에요.

사춘기 아이가 미워질 때
되새기는 말

내 아이는 이상한 게 아닙니다.

잠시 흔들리고 있을 뿐입니다.

방황하고 있지만 마침내

가장 좋은 길을 선택할 것입니다.

나는 아무런 걱정도 하지 않습니다.

지금 내게 필요한 건 믿음과 안정입니다.

그저 차분하게 아이를 지켜보면,

모든 것은 결국 제자리로 돌아올 겁니다.

어휘 방황하다: 분명한 방향이나 목표를 정하지 못하고 갈팡질팡하다.

지켜보다: 주의를 기울여 살펴보다.

아이는 언젠가 떠나보내야 할 귀한 손님입니다

아이는 내게 찾아온 귀한 손님입니다.
아무리 귀한 손님도 결국에는 떠나기 마련이듯
육아의 끝은 아이의 독립입니다.

사춘기는 신이 보내는 신호입니다.
천천히 아이를 보낼 준비를 하라고 말이죠.
지금 아이 때문에 마음이 몹시 힘들다면
그 준비의 정점에 있다는 뜻입니다.

그러니 힘들어도 아이를 믿고 지켜보겠습니다.
아이도 지금 나처럼
힘든 시간을 겨우겨우 견디고 있을 테니까요.

어휘　떠나보내다: 다른 곳으로 떠나게 하다.
　　　독립: 다른 것에 예속되거나 의존하지 않는 상태가 되는 일.

사랑을 결정하는 건
속도가 아닌 온도입니다

육아는 부모가 원칙을 세우고
사랑으로 그것을 지켜 내는 일입니다.

이때 기억해야 할 한 가지가 있습니다.
사랑을 결정하는 것은 속도가 아닌 온도라는 점입니다.

더 많이 사랑하는 것 외에
다른 방법은 존재하지 않습니다.
진정한 사랑은 아이를 몰아세우는 대신
아이의 모든 재능을 세상 바깥으로 불러냅니다.

어휘   속도: 물체가 나아가거나 일이 진행되는 빠르기.
        온도: 따뜻함과 차가움의 정도, 또는 그것을 나타내는 수치.

아이는
도전을 통해서 깨닫습니다

아이는 수천 번의 반복을 통해서

삶을 하나하나 배웁니다.

부모가 아무리 조심하라고,

위험하다고 크게 외쳐도

아이는 같은 실수를 또다시 반복하죠.

말이 아닌 도전을 통해서 깨닫기 때문입니다.

어휘 **배우다: 경험하여 알게 되다.**

깨닫다: 사물의 본질이나 이치 따위를 생각하거나 궁리하여 알게 되다.

아이가 너무 산만한가요? 아니면 너무 조용해서 걱정인가요? 부모 마음이 그렇습니다. 조용해도, 산만해도, 부모의 눈에는 걱정거리만 가득합니다. 그러나 대부분의 아이들은 매우 건강한 내면을 갖고 있습니다. 아이는 스스로를 걱정하지 않습니다. 그 마음을 믿고 지켜봐 주세요.

아이의 거짓말보다 무서운 것은
따로 있습니다

나는 아이가 거짓말을 할까 봐 걱정하기보다는,

아이가 늘 나를 지켜보고 있다는 사실을

더 걱정하며 살고 있습니다.

가정에서 일어나는 문제를 자연스럽게 풀고 싶다면

부모가 스스로의 삶에 언제나 진실하면 됩니다.

내 마음이 진실하다면

결국 모든 것이 아름답게 바뀔 겁니다.

어휘 **진실하다: 마음에 거짓이 없이 순수하고 바르다.**

아이는 스스로
깨달을 수 있는 존재입니다

아이가 실수하거나 잘못했을 때
부모는 가만있기가 어렵습니다.

하지만 오늘 아이가 저지른 잘못은
어제의 내가 저지른 잘못이었음을 생각하면서
아이의 잘못을 스쳐 지나갈 때도 있어야 합니다.

아이는 스스로 깨달을 수 있는 존재입니다.
부모의 한마디 지적보다
부모가 삶에서 보여 주는 올바른 행동을 통해
아이는 자신의 행동을 돌아보고 더 많이 배우기 때문입니다.

어휘 돌아보다: 지난 일을 다시 생각하여 보다.

세상에 잔소리하고 싶은
부모는 없습니다

세상에 잔소리하고 싶은 부모는 없습니다.

하지만 아이 생각에 잔소리를 하게 되죠.

그런데 잔소리를 듣고 무언가를 깨닫는 경우는

어른조차 거의 없습니다.

아무리 좋은 의미가 녹아 있어도,

그 말이 잔소리라면 상대방의 귀에 들리지 않기 때문입니다.

아이도 마찬가지입니다.

부탁받지 않은 충고는 하지 않는 편이 낫습니다.

아이를 위한 말이어도 한낱 잔소리로 들릴 뿐이니까요.

어휘 **잔소리**: 필요 이상으로 듣기 싫게 꾸짖거나 참견하는 말.

22 아이는 제대로
가고 있는 중입니다

'아이가 엇나간다'라는 생각은 부모만의 생각입니다.
아이 입장에서는 제대로 가고 있는 중입니다.

내 뜻대로 움직일 줄만 알았던 아이가
자꾸만 다른 방향으로 가는 걸 보며 화가 난다면
이 방향이 부모 마음대로 설정한 방향이라는
사실부터 깨달아야 합니다.

아이가 성장하는 동안
부모는 자식을, 자식은 부모를 믿고 기다려야 합니다.
두 사람 모두 자신의 길을 잘 걸어가고 있으니까요.
오늘도 애쓰고 있는 서로를 믿고 존중해 주세요.

어휘   엇나가다: 비위가 틀리어 말이나 행동이 이치에 어긋나게 비뚜로 나가다.
존중하다: 높이어 귀중하게 대하다.

부모 성장 일기

주로 아이의 어떤 모습에
걱정과 불안을 많이 느끼나요?

감정을 통제할 수 없을 때
어떤 방법을 사용하시나요?

부모 성장 일기

주변의 어떤 말이
내 마음을 불안하게 만드나요?

부모 성장 일기

최근 어떤 질투를 하셨나요?
그랬던 이유가 무엇인가요?

부모 성장 일기

배우자와 아이 교육에 대한 생각이 다를 때
어떻게 하시나요?

부모 성장 일기

실수하거나 잘못했을 때
자신의 아픈 마음을 치유하는 말이 있나요?

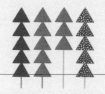

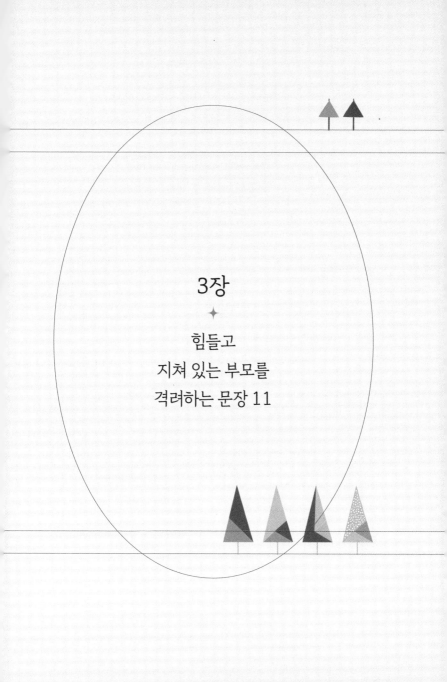

3장

힘들고
지쳐 있는 부모를
격려하는 문장 11

"부모에게 굳이 어휘력이 필요할까?"

"다 늙어서 공부는 무슨!"

"어휘력이나 문해력은 아이들 문제가 아닌가요?"

맞아요, 이런 의문을 가질 수도 있습니다. 그럼 대체 왜 어휘력을
키워야 하고, 문해력을 갖춰야 하는 걸까요? 이 질문은 매우 중요합니다.
이유와 가치를 알아야 비로소 진짜 공부를 시작할 수 있기 때문이죠.
그 이유는, 자기만의 언어를 갖기 위해서입니다. 앞서 언급한 것처럼
같은 말을 사용해도 사람에 따라서 전혀 다르게 들릴 때가 많습니다.

그건 같은 멜로디를 사용하지만 전혀 다른 음악을 창조하는 것과 닮았습니다. 정말 중요한 이야기를 하나 전합니다.

"부디, 여러분 자신의 음악을 만드세요.
내가 즐거워서 춤출 수 있는 음악을 만드세요."

힘들고 지친 나를 위로하고 치유하려면 어떻게 해야 할까요? 스스로 듣기에도 다정하고 예쁜 말을 자신에게 들려줄 수 있어야 합니다. 또, 힘든 시간에는 그것을 견딜 만한 가치가 있으며 고통은 결국 성장의 에너지가 된다는 확신을 스스로에게 들려줘야 합니다. 그 과정에서 필요한 게 바로 자기만의 언어입니다. 자기만의 언어가 있어야 힘든 자신을 일으켜 세울 수도 있죠.

아이와 보내는 일상은 아무리 반복해도 익숙해지지 않습니다. 아침에는 그나마 힘을 내서 하루를 시작해도, 밤이 되면 너무 지쳐서 마음까지 힘들어지죠. 맞아요, 그게 피할 수 없는 현실입니다. 그러나 그럴 때 지혜로운 부모는 이런 생각으로 다시 힘을 냅니다.

"내게 주어진 힘든 시간은
내 삶을 깊이 이해하고,
동시에 나 자신의 진짜 행복을

찾기 위한 좋은 기회다."

지금 내게 어떤 문제가 있는지, 그로 인해 어떤 고통을 겪고 있는지 곰곰이 생각해 보세요. 생각을 계속하다 보면 소중한 사실을 깨닫게 됩니다.

"나를 괴롭히던 모든 문제는
새로운 가능성의 씨앗이었구나."

행복은 바깥에 있지 않습니다. 화려한 집과 환경, 값비싼 옷과 다채로운 음식도 물론 좋습니다. 하지만 진짜 행복은 내부에 존재하죠. 그래서 자기 감정을 스스로 제어하고 글과 말로 표현할 수 있는 사람은 언제나 조용히 행복합니다. 굳이 자신이 행복하다고 밖으로 외칠 필요도 없고, 물건이나 사진으로 자랑할 필요도 없으니까요. 지금부터 소개하는 글을 필사하며 그 삶을 시작해 보세요. 그리고 자신의 성장을 의심하지 마세요.

"어떤 뜨거운 태양도
밤이 오는 걸 막을 수 없듯이
내 마음이 간절하다면
결국 모든 건 이루어집니다."

23 당신의 노력은
사라지지 않습니다

부모 노릇이 처음이라
외로움과 불안을 견디며 살아온 날들의 모음이
바로 오늘의 내 현실입니다.

나의 노력은 사라지지 않았습니다.
내 사랑스러운 아이의 두 눈에
예쁘게 담겨 있으니까요.
그러니 나는 아무것도 걱정하지 않습니다.

다 포기하고 싶을 때면
힘을 낼 수 있는 생각을 떠올려 봅니다.

"네가 태어나 함께 보낸 시간들이
내 인생에서 가장 행복한 순간들이야."

어휘 외로움: 홀로 되어 쓸쓸한 마음이나 느낌.
불안: 마음이 편하지 아니하고 조마조마함.

24

아이에게 가장 필요한 교육은 '함께 있어 주기'입니다

정성을 담아 이유식을 만들고
기저귀를 갈아 주는 일도 길어야 3년이고,
초등학교에 입학한 아이와
함께 등굣길을 걷는 일도 길어야 2년입니다.
궁금한 것을 묻고 또 묻는 아이의 질문에
답해 주는 일도 길어야 5년이지요.

하지만 이 모든 것을 제대로 해 주지 못했다는
자책감과 후회는 평생 사라지지 않습니다.

부모가 필요한 시기에
함께 걷고, 함께 먹고,
서로 묻고 답하는 것만큼
아이에게 좋은 교육은 없습니다.

어휘 **자책감**: 자신의 결함이나 잘못을 깊이 뉘우치고 스스로 책망하는 마음.
후회: 이전의 잘못을 깨치고 뉘우침.

25

모든 부모는
장거리 선수입니다

육아는 단기전이 아니라
오랫동안 이어지는 장기전입니다.

아이가 내 마음 같지 않을 때도
조바심을 내며 스트레스를 받기보다는
스스로를 다독여 주어야 합니다.

우리는 모두 하나의 세계를 창조하는
세상에서 가장 위대한 일을 하고 있으니까요.

어휘 조바심: 조마조마하여 마음을 졸임.

지금도 충분히
잘하고 있습니다

지금 힘든 이유는

내가 잘못해서가 아니라

잘하고 있기 때문에 일어나는

좋은 신호라고 믿습니다.

나는 늘 소중한 나에게

가장 좋은 기운을 주고 싶습니다.

어휘 기운: 생명이 살아 움직이는 힘.

아이와 하루 종일 씨름하며 고된 나날을 보내면, 어느 순간 무기력에 빠지게 되죠. 그럴 땐 조용히 자신에게 좋은 말을 들려줍니다. 아이에게 좋은 말을 들려주는 일도 중요하지만, 우리 자신에게 좋은 말을 들려주는 일은 그보다 더 중요합니다.

27

부모 노릇 하느라 고생한 나에게
이 말을 들려주세요

"누가 뭐라고 해도,
나 정도면 괜찮은 부모야."

"난 최선을 다하고 있어.
완벽한 부모는 아니지만,
완벽하게 사랑하고 있지."

"너무 많이 걱정하지 말자.
나, 여기까지 정말 잘 왔으니까."

어휘 **완벽하다**: 결함이 없이 완전하다. '흠이 없는 구슬'이라는 뜻에서 나온 말.

✦ 세상에서 가장 힘든 게 부모 노릇입니다. 가장 힘들지만 가장 티가 나지 않는 일이기도 하죠. 그러니 스스로를 힘들게 하지는 말아요. 우리는 지금 이대로도 충분히 잘하고 있으니까요. 어떤 누구도 이런 상황에서 지금의 나처럼 해낼 수는 없습니다.

아이를 다 키운 선배 엄마들이
가장 공감하는 말

"네가 있어서 내가 있었던 거야.

내가 널 가르친 게 아니라

네가 날 가르친 거였어.

아무것도 모르던 초보 엄마를

부모로 성장하게 해 줘서 고마워."

어휘   초보: 처음으로 내딛는 걸음.

아이와 보내는 하루는
매일 우리를 시험에 빠트립니다

아이와 보내는 하루는

매일 우리를 시험에 빠지게 합니다.

실수하고 분노하고 말썽만 부리는 아이에게

늘 좋은 마음만 주기란 불가능에 가깝습니다.

정말 쉬운 날이 단 하루도 없어요.

하지만 그럼에도 중요한 건,

다시 중심을 잡고 좋은 감정을 꺼내서

아이에게 전해 줘야 한다는 사실입니다.

어휘　말썽: 일을 들추어내어 트집이나 문젯거리를 일으키는 말이나 행동.

✦ 세상에 특별히 감정 제어를 잘하는 부모는 없습니다. 다들 아침에 일어나서 가장 먼저 꺼낸 감정을 하루 종일 들고 살 뿐이죠. 오늘 아침 당신은 어떤 감정을 꺼냈나요?

30

아이는 생각보다
당신을 더 많이 사랑합니다

아이는 내가 생각하는 것보다

나를 더 많이 생각하고

자랑스럽게 여기고 있다는

사실을 알고 있습니다.

아이는 내가 없는 곳에서도

나에 대해서 좋은 이야기만 합니다.

사랑스러운 엄마, 아빠의 좋은 점만

주변에 자랑스럽게 말하고 다니죠.

나는 그 진실하고 예쁜 마음을 알고 있습니다.

어휘 **자랑스럽다: 남에게 드러내어 뽐낼 만한 데가 있다.**

31

셰익스피어가 전하는
행복한 가정을 만드는 말

셰익스피어는 이렇게 말했습니다.

"진정한 사랑의 길은 험한 가시밭길이다."

사랑이 늘 행복한 꽃밭으로만 이루어져 있을 거라는
착각이 가정을 힘들게 만듭니다.
향긋한 사랑은
밭을 가꾸는 고된 노력을 통해서만
얻을 수 있는 값진 선물입니다.

가족 모두가 이 사실을 기억한다면,
늘 사랑의 정원에서 행복하게 지낼 수 있습니다.

어휘 착각: 어떤 사물이나 사실을 실제와 다르게 지각하거나 생각함.
고되다: 하는 일이 힘에 겨워 고단하다.

부모가 되며 잃어버린 것들이 문득 떠오를 때

아이를 갖기 전에 우리 모두는
되고 싶은 무언가가 있었습니다.

가끔 잊고 지낸 시간을 돌아보며
잃어버린 것을 생각하면
가슴 아플 수도 있겠지요.

하지만 그렇지 않습니다.
나는 겨우 그 하나를 버리고
아이라는 고귀하고 사랑스러운 존재의
전부가 되었으니까요.

그러니 나는 결코 전부를 잃지 않았습니다.
하나를 잃고 전부를 가진 겁니다.

어휘 전부: 어떤 대상을 이루는 낱낱을 모두 합친 것.
고귀하다: 훌륭하고 귀중하다.

반복되는 육아에 지칠 때 읽어야 할 말

33

매일 새벽 침대에서 눈을 뜨면

지겨운 육아가 또다시 시작될 것이라는 생각이 들지만

아이를 생각하며 서둘러 새벽을 깨우죠.

씻기고 먹이고 다시 씻기고

또 먹이고 청소하고 정리하고

반복되는 이 삶을 오늘도 다시 시작합니다.

하지만 이 하루는 사라지지 않고

나와 아이 삶에 고스란히 쌓여

우리가 서로 사랑한 날들로 남을 것입니다.

어휘 **고스란히**: 건드리지 아니하여 온전한 상태 그대로.

부모 성장 일기

필사를 시작하면서
마음 상태가 어떻게 달라졌나요?

부모 성장 일기

화난 마음을 멋지게 제어하고
기품 있게 말하고 있나요?

노력해도 잘 되지 않을 때
자신에게 어떤 말을 들려주는 게 좋을까요?

부모 성장 일기

쉬는 시간에 좀 더 편안하게 쉬려면
어떻게 해야 할까요?

부모 성장 일기

아이와 배우자에게 꼭 듣고 싶은 말이 있나요?
그 말을 들으면 기분이 어떨 것 같은가요?

부모 성장 일기

유난히 힘들고 지친 날,
나에게 들려주고 싶은 다정한 말은 무엇인가요?

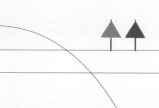

4장

✦

더 나은 사랑을
주고 싶은
부모를 위한 문장 11

　우리는 왜 자꾸 서두르게 될까요? 아이를 믿고 기다려야 하는데, 재촉하고 명령하고 억압하게 되는 이유는 뭘까요? 더 나은 사랑을 주려는 마음이 자꾸만 부모 마음을 서두르게 합니다. 그러나 현명한 부모는 아이를 바꾸려 하거나 스스로 바뀌라고 강요하지 않고, 아이를 대하는 자신의 방식을 바꿉니다. 그 무엇보다 소중한 깨달음입니다. 이걸 해낼 수 있는 부모는 어떤 상황에서도 흔들리지 않고 아이에게 적절한 말을 들려주며 아이 스스로 자신을 변화시키도록 돕죠. 언어로 감정을 표현할 줄 알고, 문제를 해결할 수 있는 부모는 그래서 명령하거나 강요하지 않습니다. 각각의 상황에 맞게 자신을 바꿔서 거기에 맞는 말을 아이에게 바로 들려줄 수 있기 때문입니다. 모든 현실에는 나름의 이유가 있습니다. 명령과 억압하는 말을 자주 들려주는 부모의 습관 역시 그럴 수밖에 없는 이유가 있죠. 하지만 이 사실을 꼭 기억하셔야 합니다. 아이는 부모가 만든 의미에 따라 각기 다른 가치를 가지게 됩니다. 아이가 같은 행동을 해도 상황을 대하는 부모의 수준에 따라 다른 의미를 부여하게 되니, 아이 역시 거기에 맞게 다른 가치를 가지게 되는 것입니다.

아이에게 더 나은 것을 주려는 뜨거운 사랑의 마음을 품고 있는 부모라면, 모든 아이에게는 이미 자기 삶의 천재성과 가치가 내면에 존재한다는 사실을 알고 계셔야 합니다. 아이의 삶과 내면에 녹아 있는 모든 가능성의 발휘는 부모의 말에 달려 있습니다. 부모의 말은 아이의 잠재력을 꺼낼 수도 있고, 반대로 영영 꺼내지 못하게 할 수도 있죠. 그런 경우 아이는 안타까운 삶을 살게 될지도 모릅니다. 또한, 아이는 성장하며 반복해서 도전하고 동시에 모래알처럼 많은 실패를 경험합니다. 이때 아이에게 필요한 건 위로입니다. 그렇다면 아이 입장에서 진정한 위로란 무엇일까요? 어떤 것을 전해야 아이가 부모의 뜨거운 사랑을 아름답게 내면에 담게 될까요? 그건 바로 '용기'입니다. 이렇게 말해 주시면 됩니다.

"너 자신을 믿으면 되는 거야.

충분히 잘했고, 정말 멋졌어."

남들은 99번 잘하다가도 1번 내게 못하면 그렇게도 싫어지고 멀어지게 되는데, 내 아이는 정말 다릅니다. 99번 못하다가도 1번만 잘해 주면 그간 쌓였던 고통은 다 사라지고 얼마나 행복하고 기쁜지 모릅니다. 자식이란 그래요. 가끔 보여 주는 그 해맑은 미소에 엄마, 아빠는 다시 살아갈 힘을 얻습니다. 이것이 서로에게 소중한 존재라는 증거입니다. 사랑하기에도 아까운 이 시간을 다정하고 예쁜 말로 채워 주세요.

아이를
바라본다는 것은

34

아이를 '바라본다'라는 말은
'바라며 본다'라는 뜻입니다.

지금 나는 사랑과 희망 혹은 분노와 원망 중에
무슨 마음을 담아 아이의 눈을 바라보고 있나요?

눈과 눈이 마주하는 일은 결코
사소한 마주침이 아닙니다.
서로가 서로에게 바라는 것을
마음으로 전하는 소중한 순간이니까요.
눈빛은 마음의 언어입니다.

어휘 바라보다: 어떤 대상을 바로 향하여 보다.

✦ 부모는 아이를 기르며 진실한 사람으로 거듭납니다. 그러므로 사람이 사람을 만나는 일이라고 생각하며 아이를 대한다면 실패하지 않을 것입니다. 힘들어도 다시 일어서야 하는 이유는 당신이 아이를 사랑하기 때문입니다. 아이는 자신을 사랑하고 믿는 사람에게 교육받기를 원합니다.

부모의 말은
연필과도 같습니다

35

나는 이런 오해를 하고 있었습니다.

글씨를 잘못 쓰면 지우개로 지우듯

언제든 잘못 나온 내 말을 지울 수 있다고 믿었죠.

하지만 종이는 기억하고 있었습니다.

연필의 흔적이야 지울 수 있지만,

종이는 연필이 자신에게 무엇을 썼는지 알고 있습니다.

부모의 말도 마찬가지입니다.

부모는 깨끗하게 지웠다고 생각하지만

아이들은 기억하고 있습니다.

부모가 자신에게 어떤 말을 했는지,

어떤 말과 마음을 전했는지를

모두 기억하고 있습니다.

어휘   지우다: 흔적 따위를 보이지 않게 없애다.
      흔적: 어떤 현상이나 실체가 없어졌거나 지나간 뒤에 남은 자국이나 자취.

아이를 꾸짖는 것의
본래 의미

그리스어로 '아이를 꾸짖다'라는 말은
'아이를 빛으로 인도하다'라는 뜻입니다.

부모의 말은 단순히 아이의 잘못을 지적하고
혼내는 데서 그치는 게 아니라
더 나은 곳으로 아이를 인도할 희망의 다리가 되어야 합니다.

어휘 **인도하다: 이끌어 지도하다.**

✦ 당신의 말은 지금 아이를 빛으로 인도하고 있나요,
아니면 절망의 늪으로 인도하고 있나요?

37

부모의 사랑을 받고 자란 아이가
세상의 사랑도 받습니다

아빠가 아이를 위해 할 수 있는 가장 위대한 일은

아내를 사랑하는 것입니다.

아내 역시 마찬가지죠.

부부가 서로를 사랑하고 아끼는 모습을 보며,

아이는 사랑을 주고받는 일이

얼마나 사람을 행복하게 하는지 깨닫게 됩니다.

또한, 사랑의 가치를 알고 있으니

평생 실천하지 않을 수가 없습니다.

부모의 사랑을 받고 자란 아이가

세상의 사랑도 받습니다.

지금, 사랑으로 아이를 꿈꾸게 해 주세요.

어휘 가치: 사물이 지니고 있는 쓸모.

늦기 전에 아이에게
이렇게 말해 줘야 합니다

아이는 아직 자신의 가능성을 잘 믿지 못합니다.

그래서 우리는 "괜찮아, 할 수 있어."라고 말해 줘야 합니다.

아이는 아직 부모의 사랑도 제대로 알지 못합니다.

그래서 우리는 "오늘 더 사랑해."라고 말해 줘야 합니다.

아이는 아직 자신의 가치를 잘 알지 못합니다.

그래서 우리는 "네가 한 일이라 더 근사해."라는

응원의 말을 들려줘야 합니다.

어휘   가능성: 앞으로 실현될 수 있는 성질이나 정도.
　　　응원: 힘을 낼 수 있도록 도와주는 일.

육아는 세상에서 가장 힘든 일입니다. 누구도 그 사실을 부정하지 못합니다. 그런데 왜 그 힘든 일을 포기하지 않고 오늘도 이렇게 최선을 다하는 걸까요? 힘들어도 포기할 수 없을 만큼 가치 있고 소중한 일이기 때문입니다. 아무나 할 수 있는 일이 아니라서 당신이 하고 있는 겁니다.

같은 말도
더 다정하게 해야 하는 이유

부모와 아이가 화내며 싸우는 이유는
결국 다정하게 대화하지 않아서입니다.
아이가 어릴 때도 그렇고,
커서 사춘기가 된 후에도 마찬가지입니다.

같은 말도 부모가 좀 더 다정하게 하면
모든 것이 달라집니다.
존중받는다고 생각하는 아이는
자기 자신에 대한 믿음을 키울 것이며,
그 모든 시간은 아이의 탄탄한 자존감으로 쌓이죠.

가장 중요한 건 다정하게 말하면
부모 자신이 먼저 좋다는 사실입니다.

어휘　**다정하다: 정이 많다. 또는 정분이 두텁다.**

칭찬은 부모에게
가장 먼저 주어지는 특권입니다

부모의 눈으로 볼 때

아이는 여전히 작고 여린 존재입니다.

몸집만 커졌지 속은 여전히 어린아이 같죠.

부모의 목표에는 미치지 못하지만

아이는 지금 할 수 있는 만큼 힘을 내서

자신에게 주어진 일을 하고 있습니다.

그러니 누구나 할 수 있는 아픈 말보다는

힘이 될 수 있는 칭찬의 말을 들려주세요.

칭찬은 아무나 할 수 있는 게 아닙니다.

내 아이의 부모인 나에게

가장 먼저 주어지는 특권입니다.

어휘 **특권: 특별한 권리.**

아이가 학교에 다니면서부터 부모는 걱정을 시작합니다. 경쟁이 본격적으로 이루어지니까요. "잘해도 못해도 넌 변함없이 소중한 내 아들(딸)이야."라고 말해 주세요. 아이에게 해 준 격려의 말은 놀랍게도 불안한 내 마음까지 가라앉혀 줍니다.

41

부모의 말은
아이가 살아갈 정원입니다

아이는 두 번 태어납니다.

부모의 사랑으로 처음 세상에 태어나고,

부모의 말로 다시 한번 태어나 완전해지죠.

부모의 한마디가 아이에게는 하나의 생명입니다.

오늘 어떤 생명을 아이와 나눴나요?

지혜로운 부모는 나오는 대로 말하지 않습니다.

아이를 위해 단어와 표현을 골라서 씁니다.

부모의 말은 아이가 살아갈 정원입니다.

사라지지 않는 향기로 아이의 정원을 채워 주세요.

어휘   완전하다: 필요한 것이 모두 갖추어져 모자람이나 흠이 없다.

         채우다: 일정한 공간에 사람, 사물, 냄새 따위를 가득하게 하다.

42

부모의 질문은
아이의 내면을 키웁니다

"어제와 똑같이 살면서

다른 미래를 기대하는 것은 정신병이다."

아인슈타인의 말입니다.

아이와 일상에서 늘 같은 주제로만 대화를 나누면,

늘 같은 생각만 하는 사람으로 자라게 되죠.

생각하는 힘이 길러지지 않아서,

두뇌의 발달도 기대할 수 없게 됩니다.

그러니 아이에게 자주 질문해 주세요.

부모의 질문은 아이의 내면을

더 빛나게 하는 기적의 열쇠입니다.

어휘 　기적: 상식으로는 생각할 수 없는 매우 놀라운 일.

때로는
게으른 부모가 되어야 합니다

아이가 울음을 빨리 그쳐야 할 것 같고,

키가 크려면 밥을 제대로 먹여야 할 것 같고,

숙제를 제대로 했는지 준비물은 잘 챙겼는지 확인해야

부모 노릇을 잘하는 것 같습니다.

아이가 지각을 자꾸 하면

내가 제대로 키우지 못한 것 같아 죄책감도 들죠.

이럴 때 부모 마음은 조급해집니다.

당연히 애쓰는 그 좋은 마음, 이해합니다.

하지만 아이의 미래를 생각한다면,

아이가 혼자서 할 일을 하도록 놔두는

게으른 부모가 될 필요가 있습니다.

어휘 **죄책감: 저지른 잘못에 대하여 책임을 느끼는 마음.**

아이는 나에게
소중한 존재입니다

"넌 특별한 아이야."라는 말도 좋지만,

"넌 소중한 존재야."라는 말은 더 좋습니다.

특별하다는 표현은 간혹 특별히 잘하는 게 없는 아이를

더 힘들게 만들기도 하지만,

소중하다는 표현은 잘하는 것과는 별개로

아이에게 힘이 되어 주는 말이기 때문입니다.

'소중해'라는 말로 아이에게 따스한 하루를 열어 주세요.

어휘   특별하다: 보통과 구별되게 다르다.

소중하다: 매우 귀중하다.

마음을 읽을 수 있다면 누구의 마음을 읽고 싶나요?
그 이유는 무엇인가요?

부모 성장 일기

떠올리기만 해도 마음이 따뜻해지는,
아이와 나눈 추억의 순간이 있나요?

부모 성장 일기

나는 아이에게
어떤 부모라고 생각하나요?

부모 성장 일기

아이에게 자신의 사랑을 잘 표현하는 부모에게는
어떤 특징이 있을까요?

어떨 때 아이를 향한 내 사랑이
부족하다고 느끼나요?

아이에게 평소에는 잘 하지 못했던
사랑의 말이 있다면 들려주세요.

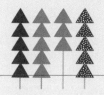

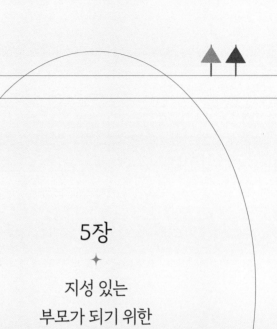

5장

✦

지성 있는
부모가 되기 위한
성찰의 문장 11

　지성은 어디에서 나올까요? 답은 '좋은 생각'에 있습니다. 누가 들어도 불쾌한 냄새가 나는 나쁜 생각은 아주 쉽게 할 수 있습니다. 다시 말해서 생각이 전혀 필요 없고 무가치해요. 하지만 좋은 생각을 하려면 자꾸 더 생각해야 합니다. 그 안에서 지성이라는 꽃이 피어나죠. 좋은 생각은 우리가 가진 가장 소중한 재산입니다. 그걸 아는 사람의 삶은 언제나 지성으로 빛나죠. 인생은 모두에게 공평하진 않지만, 모두에게 아름답습니다. 자기 삶의 아름다움을 찾고 발견해서 느낄 수 있다면, 그 삶에서 좋은 생각과 고결한 지성이 흐르지 않을 수 없겠죠. 그래서 필사가 중요합니다. 필사는 자기 세계를 조립하고 새롭게 창조하는 가장 지적인 행동입니다. 글을 쓰며 우리는 자신의 능력을 남김 없이 쓸 수 있습니다. 오늘부터 사는 내내 잊지 말고, 그 소중한 가치를 매일 습관처럼 즐기세요.

덧붙여 꾸준히 귀하게 성장하는 지성인의 삶을 살고 싶다면, 이 질문에 답할 수 있어야 합니다.

"나는 나 자신에게 어떤 사람이 되고 싶은가?"

이 질문에 답할 수 있어야 비로소 자녀교육의 본질에 닿은 이 질문에도 답할 수 있는 자격을 얻게 되죠.

"나는 내 아이에게 어떤 부모가 되고 싶은가?"

두 질문을 통해서 우리는 나날이 성장하는 지성인의 삶을 살 수 있습니다. 게다가 나 자신에게 어떤 사람이고 싶은지 알고 있으며 동시에 아이에게 어떤 부모가 되어야 하는지 알고 있으니, 주변의 어떤 소음에도 흔들리지 않고 나를 유지할 수도 있죠. 지성인의 가장 큰 장점은 넘어지지 않는 것이 아니라, 넘어질 때마다 더 큰 내가 되어서 일어나는 것입니다.

지성 있는 부모가 되고 싶은 이유에는, 아이가 가진 가치와 가능성을 발견할 수 있는 안목을 갖기 위함도 있을 것입니다. 그렇다면 스스로 행복하세요. 행복을 일상에서 자주 발견하는 부모가 아이의 가능성을 더 많이 발견할 수 있습니다. 행복은 누가 주는 게 아니라, 스스로 발견하는 것이기 때문입니다. 스스로에게 매일 이렇게 질문해 보세요. 그렇게 나온 답을 글로 써 보세요. 저는 그걸 '마음 필사'라고 부릅니다.

"내 마음이 기뻐하는 게 무엇인가?"
"나는 무엇을 보며 기뻐하는가?"
"생각만 해도 웃음이 나는 일이 무엇인가?"

"나는 무엇을 보며 기뻐하는가?
무엇이 내게 웃음을 선물하는가?
내게 기쁨을 주는 것을 발견하는 과정이
곧 나의 행복입니다.
그래서 행복을 자주 발견하는 부모가
아이의 가능성도 많이 발견할 수 있습니다.
아이의 말과 행동에서도 마찬가지로
내게 기쁨을 주는 것을
많이 발견할 수 있기 때문입니다."

45

아이들 교육이
생각처럼 되지 않을 때

삶은 결코 마음처럼 움직이지 않습니다.

아무리 강하게 의지를 다져도 소용없지요.

하루하루 쌓인 모든 나쁜 것들이

때로 그대로 삶에 나타나곤 합니다.

우리는 지금까지 보고 듣고 배운 것만

세상에 보여 줄 수 있답니다.

아이들의 교육이 생각처럼 되지 않는 이유는

바로 말과 행동의 격차에 있습니다.

그 격차가 벌어질수록

아이는 점점 부모의 생각과 멀어지죠.

말로만 하는 교육은 큰 의미가 없습니다.

부모가 행동으로 자신의 말을 증명해야

비로소 아이에게 소중한 가치를 줄 수 있습니다.

어휘   격차: 가격이나 자격 따위가 서로 다른 정도.

증명: 어떤 사항이나 판단에 대하여 그것이 진실인지 아닌지 증거를 들어 밝힘.

가족의 소리를
많이 듣고 적게 말하세요

혼자서만 이야기를 하면 가족 모두가 외롭습니다.

가족의 소리를 더 많이 듣고 적게 말하세요.

그 이유는 귀를 기울여 그 마음의 소리를 듣는 순간

서로에게 사랑이 향기처럼 전해지기 때문입니다.

자꾸 듣고 더 들어야 합니다.

듣기는 서로의 내밀한 마음을 나누는 일이니까요.

어휘   내밀하다: 어떤 일이 겉으로 드러나지 아니하다.

부정적인 말은 집안의 기운까지
부정적으로 만듭니다

부정적인 말은 집안의 기운까지 부정적으로 만듭니다.

물론 늘 좋은 이야기만 할 수는 없어요.

하지만 인간에게 지성이 있는 이유가 무엇일까요?

좀 더 나은 모습, 좀 더 지혜로운 선택을 위해서입니다.

부모의 지적 수준이 아이의 지성과

아이가 앞으로 살아갈 세상의 수준을 결정한다는

귀한 사실을 나는 잊지 않겠습니다.

어휘 지성: 새로운 상황에 부딪혔을 때에, 맹목적이거나 본능적 방법에 의하지
     아니하고 지적인 사고에 근거하여 그 상황에 적응하고 문제를 해결하
     려는 성질.

부모의 언어는 아이가
가장 먼저 보는 교과서입니다

같은 말도 조금만 더 예쁘게 말하면,

아이는 부모를 통해 웃는 법을 배웁니다.

아이는 책이나 영상이 아니라

부모가 서로 일상에서 나누는 대화를 통해

말하는 방법을 하나하나 배웁니다.

엄마, 아빠가 서로에게 들려주는 언어가

아이에게는 살아 있는 '언어 교과서'입니다.

어휘 교과서: 해당 분야에서 모범이 될 만한 사실을 비유적으로 이르는 말.

✦ 아이에게 무슨 말을 해야 할지 모르겠다면 내가 아이였을 때 부모님께
　 듣고 싶었던 말을 지금 바로 아이에게 들려주면 됩니다.

49

삶을 돌아보고 싶을 땐
아이 앞에 서면 됩니다

지금 나의 모습이

어떤지 보고 싶다면

거울 앞에 서면 됩니다.

하지만 지금까지 어떻게 살았는지

나의 삶을 돌아보고 싶다면

내 아이 앞에 서면 됩니다.

내 아이의 모습은

내 지난 삶을 비추는

또 다른 거울이니까요.

어휘 거울: 어떤 사실을 그대로 드러내거나 보여 주는 것을 비유하는 말.

부모는 지성을 갖춘
예쁜 말을 해야 합니다

부모의 말은 지혜롭고 동시에 예쁜 말이어야 합니다.

하지만 예쁜 말이란 무조건 오냐오냐하는 말과는 다릅니다.

아이가 반드시 알아야 할 규칙을 제대로 알려 주고,

올바른 가치관이 형성될 수 있도록

알아듣기 쉽게 하는 말을 예쁜 말이라고 부릅니다.

예쁜 말은 그저 듣기 좋은 말,

의미만 예쁜 말이 아닙니다.

부모의 말이 아이를 위한 예쁜 말이 되려면

그만큼 부모가 가진 지성의 수준이 높아야 합니다.

어휘 **오냐오냐**: 어린아이의 어리광이나 투정을 받아 줄 때 하는 말.
가치관: 인간이 자기를 포함한 세계나 사상에 대하여 가지는 근본적인 태도.

같은 말도
선명하게 표현해야 합니다

부모는 아이에게 힘을 주었다고 생각하지만,

아이가 정작 받은 건 무기력일 수 있습니다.

또 부모는 사랑과 믿음을 표현했지만,

아이가 느낀 건 욕망과 불신일 수 있습니다.

어떤 말이든 아이가 이해할 수 있도록

선명하게 표현해야 아이 마음에 도착할 수 있죠.

선명한 표현은 부모 자신의 삶을 위한 것이기도 합니다.

같은 말도 선명하게 해야

가장 먼저 내 삶이 명확해집니다.

어휘 선명하다: 분명하게 널리 말하여 밝히다.

명확하다: 의심할 바 없이 뚜렷하고 틀림이 없다.

52

당신의 말은
아이를 꿈꾸게 하나요?

때로 아이에게 필요한 건

'이치에 맞는 답'이 아니라

'꿈꾸게 하는 말'입니다.

예쁜 나비를 잡으려고

아무리 애를 써도 나비는 날아갑니다.

하지만 내가 예쁜 정원을 만든다면

나비가 스스로 날아오겠죠.

부모의 삶에 예쁜 말이 필요한 이유가 거기에 있습니다.

예쁜 말로 자기 삶을 아름다운 정원으로 만든다면

나비처럼 예쁜 소식만 찾아오는

행복한 나날을 가꿀 수 있습니다.

어휘 **이치: 사물의 정당한 조리. 또는 도리에 맞는 취지.**

부모의 말은 아이의 인생을 짓는 벽돌과도 같습니다

부모의 말 습관이 왜 아이 성장에 결정적인 영향을 미칠까요?

아이들은 결국 가장 사랑하는 사람에게서

사는 방법과 인생을 대하는 태도까지 배우기 때문입니다.

부모의 말 습관은 '아이의 인생'이라는 집을 짓는 벽돌과도 같죠.

부모가 빛나는 말 습관을 보여 주면

아이는 빛나는 집을 지어 나갈 것이고,

그러지 못하면

조금은 실망스러운 집을 지을 수도 있습니다.

어휘 결정적: 일이 되어 가는 형편이 바뀔 수 없을 만큼 확실한 것.

무엇보다 확실한 것은 빛나는 말 습관으로 바꾸면
부모 자신의 삶이 먼저 빛나게 된다는 사실입니다.

단어로만 대화하는 습관을
멈춰야 합니다

54

언어는 부모가 사랑하는 아이에게 줄 수 있는

세상에서 가장 귀한 유산입니다.

근사한 언어를 물려받은 아이는

근사한 인생을 살게 되죠.

최악의 말 습관은 단어로만 대화하는 것입니다.

단어로만 대화하는 일은 쇼츠와 릴스만 보는 것과 유사합니다.

오늘부터 아이에게 온전한 말을 들려주세요.

단어가 아닌 온전한 문장으로 구성한

근사한 말을 들려주는 것이

아이의 건강한 정서적 독립을 위해

부모가 할 수 있는 최선의 일입니다.

어휘   물려받다: 재물이나 지위 또는 기예나 학술 따위를 전하여 받다.

온전하다: 본바탕 그대로 고스란하다. 또는 잘못된 것이 없이 바르고 옳다.

아이에게 어떤 말을 해야 하는지
스스로에게 질문해야 합니다

'이 말이 과연 내 아이에게 통할까?'
부모는 이 질문을 이렇게 바꿔야 합니다.
'이 말을 내 아이에게 어떻게 적용하면 좋을까?'
이것이 부모의 말에서 가장 중요한 핵심입니다.

우리는 항상
자기 자신에게 질문을 던져야 합니다.
그래야 모든 이를 위한 지식이
내 아이만을 위한
단 하나의 귀한 지식으로
다시 태어날 수 있습니다.

어휘   통하다: 어떤 행위가 받아들여지다.
       적용하다: 알맞게 이용하거나 맞추어 쓰다.

올해 가장 큰 목표는 무엇인가요?
어떻게 하면 멋지게 이룰 수 있을까요?

부모 성장 일기

독서와 필사를 열심히 하면
지성이 풍성해지는 이유는 무엇 때문일까요?

부모 성장 일기

왜 나는 자꾸 후회하는 걸까요?
후회하지 않으려면 어떻게 해야 할까요?

부모 성장 일기

잠시라도 혼자 있는 시간에
나는 무엇을 하고 있나요?

부모 성장 일기

불필요하게 소모되는 시간을 줄이려면
어떻게 해야 할까요?

부모 성장 일기

1년 후에 나와 내 아이는
어떤 사람이 되어 있을까요?

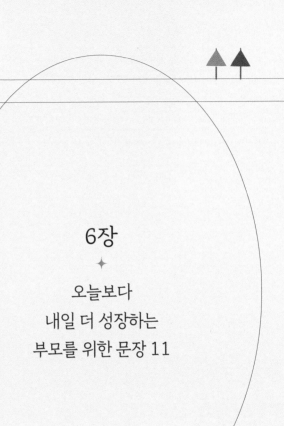

6장

◆

오늘보다
내일 더 성장하는
부모를 위한 문장 11

누구나 성장을 갈망합니다. 그러나 모두가 노력하지만, 모두가 성장하지는 못하는 이유는 무엇일까요? 바로, 정직하지 않기 때문입니다. 스스로에게 정직하지 않다면, 읽고 쓰고 배운 것들이 대체 무슨 소용이 있을까요? 자신에게 정직한 사람이 세상에서 가장 현명한 사람입니다. 그러나 자신을 제대로 안다는 건 매우 어려운 일입니다. 그래서 우리는 늘 이런 질문을 스스로에게 던져야 하죠.

1. 나는 나를 잘 알고 있을까?
2. 내 수준은 지금 어느 정도일까?

3. 이 책을 내가 안다고 말할 수 있을까?

4. 나는 아이에게 이 말을 할 자격이 있나?

5. 자격을 갖추려면 내 삶을 어떻게 바꿔야 할까?

맞아요, 어려운 과정입니다. 언제나 성장은 어려움을 통해서만 이루어집니다. 그러나 부모에게는 이 어려운 걸 쉽게 이겨 낼 방법이 하나 있죠.

'내 아이를 사랑하는 뜨거운 마음'

성장은 언어와 직결되어 있습니다. 또한, 자신만의 이유로 살아야 자신의 언어를 가질 수 있습니다. 살아가는 자신만의 이유가 없는 부모는 아무리 많은 어휘를 머리에 담아도, 그 어휘로 아이를 움직이거나 감정과 마음을 제대로 표현하기 힘듭니다. 자신의 이유로 살지 못하는 사람들의 대표적인 특징이 하나 있습니다. 자꾸 흔들리거나, 습관처럼 주저앉는다는 사실이죠. 그런 무기력한 삶에서 벗어나고 싶다면 방법은 이렇습니다.

"자신을 좀 더 너그럽게 대하세요."

실패와 실수는 내 잘못이 아닙니다. 좀 더 잘하려는 마음에서 나온

도전의 결과죠. 뭐든 그렇게 나를 중심에 두고 생각하고 판단해야 나를 단단하게 지킬 수 있습니다.

그러나 너그럽게 대하라는 것이 아예 책임을 지지 말라는 말은 아닙니다. 매우 미묘한 지점이니 더욱 집중해서 읽어 주세요. 언어의 성장과 발달은 자신에게 일어난 모든 일에 대한 책임을 느끼는 태도에서 시작합니다. 중요한 지점은 책임을 지라는 게 아니라, 책임을 느끼라는 부분입니다. '모든 게 다 내 책임이다. 다 내 잘못이다.'라고 생각하는 게 아니라 '다음에는 어떻게 해야 좀 더 잘할 수 있을까?'라는 발전적인 관점에서 책임을 느끼라는 것입니다. 그래야 아이와 지내는 동안 자책감과 무력감은 덜고 언어적인 성장은 크게 이룰 수 있습니다. 마지막으로 이 사실을 잊지 마세요.

"어떤 경우든 결코 포기하지 마세요.
내가 할 수 있다고 생각하는 한,
나는 반드시 해낼 수 있습니다.
좋은 날은 오고 있습니다.
나만 멈추지 않으면,
곧 만날 수 있는
아주 가까운 미래입니다."

육아는 오해와 이해의
끝없는 반복입니다

육아는 오해와 이해의 끝없는 반복입니다.

그러나 오해가 나쁜 것만은 아닙니다.

오해는 이해로 가는 과정이니까요.

모두 지나가는 시간입니다.

나는 알고 있습니다.

나와 아이는 지금도

아주 멋지게 성장하고 있습니다.

어휘   **오해: 그릇되게 해석하거나 뜻을 잘못 앎.**
　　　이해: 깨달아 앎. 또는 잘 알아서 받아들임.

57

육아는
아이만 성장시키지 않습니다

육아는 아이만 키우는 일이 아닙니다.

아이만 키우려고 하면 실패할 것이고,

나도 크려고 하면 성공할 것입니다.

내게 좋은 말이 아이에게도 좋고,

아이에게 좋은 말이 내게도 좋습니다.

우리는 함께 성장하며 커 나가야 합니다.

육아는 결국 서로 힘을 합해서

한 발씩 앞으로 나가는 하루의 반복입니다.

어휘 키우다: 사람을 돌보아 몸과 마음을 자라게 하다.
      반복: 같은 일을 되풀이함.

190

아이가 책을 읽지 않을 때는 당신이라는 책을 읽고 있다는 멋진 사실을 기억하세요. "당신은 아이가 읽을 만한 책인가요?"라는 질문에 "네!"라고 답할 수 있다면, 당신의 아이는 근사하게 성장할 겁니다.

58

아이를 키우며
부모는 겸손해집니다

아이를 키우다 보면 부모는 겸손해집니다.

너무나 쉽게 분노하고 화내는 나를 마주하며

스스로에게 이렇게 묻습니다.

'내가 이렇게 별로인 사람이었나?'

아이를 키우는 동안은 모든 순간이

'별로인 나'를 마주하는 고통의 순간처럼 느껴집니다.

세상에 아이를 키우는 것만큼 힘든 일은 없습니다.

하지만 육아만큼 나를 감동하게 만드는 일 또한 없죠.

울고 싶을 정도로 힘들지만

울고 싶은 마음까지도 이겨 낼 수 있는

커다란 감동을 주는 일이 육아입니다.

오늘도 사랑한다고 말할 수 있는

내 아이가 있어서 행복합니다.

어휘 **겸손하다**: 남을 존중하고 자기를 내세우지 않는 태도가 있다.

부모는 멈춤의 가치를
알려 주는 사람입니다

부모는 아이를 가르치는 사람이 아닙니다.

일상에서 스스로 배울 수 있도록

중간중간 멈춰서 질문할 수 있는

생각의 시간을 허락해 주는 사람이죠.

멈추고 생각하며 돌아보는 시간은

아주 커다란 가치가 있습니다.

부모는 자신에게 있는 것만

아이에게 전할 수 있습니다.

모르는 것과 없는 것은 자신이 알 수 없으니,

아이에게 줄 수도 없습니다.

그러니 부모가 자라는 만큼 아이도 자랍니다.

어휘　가르치다: 지식이나 기능, 이치 따위를 깨닫게 하거나 익히게 하다.

60

혼자서도 잘 지내야
함께여도 행복합니다

혼자서도 잘 지내는 사람들은

자기 안에 안정감이 있다는 사실을 알고 있습니다.

같은 이유로 새로운 것을 탐험하기 위해

자신의 영역을 벗어나는 것을 두려워하지 않죠.

세상에서 가장 외로운 사람은

친구가 적은 사람이 아니라,

혼자 있지 못하는 사람입니다.

혼자 있을 수 있어야

함께 있을 때 더 행복할 수 있습니다.

나는 혼자를 두려워하지 않습니다.

어휘 안정감: 바뀌어 달라지지 아니하고 일정한 상태를 유지하는 느낌.
영역: 일정한 울타리 안.

✦ 혼자 있는 시간을 행복하게 즐기는 아이는 굳이 다른 사람들에게 의존
하지 않습니다. 이런 아이는 새로운 만남에 두려움을 느끼거나 친구와의
관계에서 어려움을 겪는 게 아닙니다. 오히려 의존하지 않기 때문에 더
욱 당당하고 자유롭게 행동할 수 있습니다.

61

육아의 끝은
부모의 성장입니다

부모의 삶이 힘든 이유는 육아가

결국 나를 키우는 과정이라서 그렇습니다.

아이의 교육을 위해 시작한 육아는

결국 부모의 성장으로 끝이 납니다.

육아의 끝은 결국 부모의 자기 계발이죠.

아이가 다 크면 끝나는 게 아니라

부모가 다 크면 끝이 납니다.

육아는 아이와의 싸움이 아니라

자기 자신과의 싸움입니다.

어휘　**계발: 슬기나 재능, 사상 따위를 일깨워 줌.**

처음부터
완벽한 부모는 없습니다

처음부터 모든 것을 쉽게 해내는 부모는 없습니다.

당장 할 수 없는 일보다는

쉽고 빠르게 할 수 있는 일부터 집중해 봅니다.

쉬운 일을 수행하다 보면 점점 조금 더 어려운 일도

해낼 힘을 갖게 됩니다.

처음부터 완벽한 부모는 없습니다.

부족한 상태에서 하다 보면 나아집니다.

어휘   집중하다: 한곳을 중심으로 하여 모이다. 또는 그렇게 모으다.

수행하다: 생각하거나 계획한 대로 일을 해내다.

63

이 작은 아이는 나의 사랑을 언제쯤 깨닫게 될까?

부모는 가끔 이런 고민에 잠깁니다.

'내가 죽을힘을 다해 키운 이 녀석이

과연 커서 내 사랑을 기억하고 감사해할까?'

그럴 때는 자신에게 이런 질문을 던지면

바로 고민에서 벗어날 수 있어요.

'나는 내 부모님께 그렇게 하고 있는가?'

멈추지 않고 끝없이 멀어지는 바람처럼,

부모도 자식과 끝없이 멀어집니다.

자식이 다 크면 부모는 어느새 사라지고 없죠.

부모의 마음은 부모가 되어서만 알 수 있습니다.

그러니 사랑할 시간은 언제나 지금이죠.

고민할 시간까지 아껴서 사랑에 투자하세요.

어휘 **죽을힘: 죽기를 각오하고 쓰는 힘.**

64

부부는 서로의 마음에 맞는 말을 해야 합니다

부부는 정답을 말하려고 사는 게 아닙니다.

서로 다른 환경에서 자란 부부가

아이들과 화목한 가정을 유지하려면

서로의 '마음에 맞는 말'을 해야 합니다.

아이가 바로 옆에서

엄마, 아빠의 대화를 듣고 있습니다.

듣기 싫은 이야기는 이제 그만하기로 해요.

아이가 자신의 삶을 꽃피울 수 있도록

부모의 말은 좋은 거름이 되어 주어야 합니다.

어휘 **거름: 식물이 잘 자라도록 땅을 기름지게 하려고 주는 물질.**

✦ 화목한 가정을 유지하며 사는 부부에게는 이런 공통점이 있습니다. '지혜롭게 싸우고, 근사하게 화해하기' 이게 무슨 말일까요? 화목한 가정은 갈등이 아예 없는 것이 아니라 구성원이 갈등을 지혜롭게 풀어 간다는 뜻입니다. 이때 서로에게 하는 말이 참 중요한 역할을 합니다.

좋은 집은
사랑과 예쁜 말로 만듭니다

좋은 집은 돈을 주고

'사는 것'이 아니라

사랑이라는 탄탄한 벽돌과

예쁜 말이라는 아름다운 벽지로

스스로 '만드는 것'입니다.

모든 사람은 세상에 태어나

부모에게 처음 사랑을 배우고,

훗날 부모가 되어 자식을 키우고

다시 사랑을 배워 진짜 어른이 됩니다.

어휘 훗날: 시간이 지난 뒤에 올 날.
     어른: 다 자란 사람. 또는 다 자라서 자기 일에 책임을 질 수 있는 사람.

자녀교육은 하나의 연필과
열 개의 지우개로 하는 일입니다

66

자녀교육은 하나의 연필과

열 개의 지우개로 하는 일입니다.

연필이 이끄는 길이 분명하고,

지우개가 편견을 갖지 않고 제 역할을 수행할 때,

아이는 자기 안에 있는

모든 재능과 지성을 꺼내

자기만의 삶을 살게 됩니다.

어휘 **편견: 공정하지 못하고 한쪽으로 치우친 생각.**

연필은 부모의 철학입니다. 여러 사람의 이야기를 듣되, 아이의 삶을 결정하는 부모의 철학은 흔들리지 않는 하나여야 합니다. 한편, 아이는 부모가 예상한 대로 성장하거나 변화하지 않습니다. 그때마다 부모는 자신이 연필로 쓴 글을 지우개로 지우며 방향에 맞게 적절히 수정해야 합니다. 쓴 것 이상으로 자주 지워야 하기 때문에 연필은 하나, 지우개는 열 개가 필요하답니다.

부모 성장 일기

요즘 시간 가는 줄 모르고
집중하게 되는 일은 무엇인가요?

아이와 배우자에게
다정하고 예쁘게 말하고 있나요?

부모 성장 일기

최근 스스로 칭찬해 주고 싶을 정도로
잘했던 순간이 언제인가요?

부모 성장 일기

매일 반복하는 루틴 중에서
가장 중요하게 생각하는 것은 무엇인가요?

부모 성장 일기

내 시간은 사라지고 있나요?
아니면 멋지게 쌓이고 있나요?

부모 성장 일기

앞으로 부모로서 스스로에게
약속하고 싶은 말은 무엇인가요?

마음은 단단하게 지키고 아이는 더 사랑하는

부모의 어휘력을 위한 66일 필사 노트

초판 1쇄 발행 2025년 4월 17일

지은이 김종원
펴낸이 민혜영
펴낸곳 카시오페아
주소 서울특별시 마포구 월드컵로14길 56, 3~5층
전화 02-303-5580 | **팩스** 02-2179-8768
홈페이지 www.cassiopeiabook.com | **전자우편** editor@cassiopeiabook.com
출판등록 2012년 12월 27일 제2014-000277호

• 잘못된 책은 구입하신 곳에서 바꿔 드립니다.
• 책값은 뒤표지에 있습니다.